Saidur Rahaman

Caraterísticas hidráulicas de um rio de montanha

Saidur Rahaman

Caraterísticas hidráulicas de um rio de montanha

Um Estudo do Rio Rangpo

ScienciaScripts

Cover image: www.ingimage.com

This book is a translation from the original published under ISBN 978-3-659-89228-8.

Publisher:
Sciencia Scripts
is a trademark of
Dodo Books Indian Ocean Ltd. and OmniScriptum S.R.L publishing group

120 High Road, East Finchley, London, N2 9ED, United Kingdom
Str. Armeneasca 28/1, office 1, Chisinau MD-2012, Republic of Moldova, Europe
Managing Directors: Ieva Konstantinova, Victoria Ursu
info@omniscriptum.com

Printed at: see last page
ISBN: 978-620-8-57331-7

ÍNDICE

PREFÁCIO

O rio Rangpo é um afluente da margem direita do rio Tista, na cidade de Rangpo. Nasce ao longo do cume da fronteira internacional entre a Índia e a China, a uma altitude de 1.500 metros do pico de Nakchok. Tem dois cursos de água principais que se juntam perto da aldeia de Rigongteng. Até este limite, o rio segue uma direção de fluxo sudoeste e depois segue uma linha de falha e segue um curso de norte a sul por um comprimento de cerca de 20 km e depois segue novamente uma tendência de sudoeste através de um curso sinuoso que tem curvas de meandro parcialmente formadas. O Rangpo é o principal afluente do rio Rangpo. Junta-se ao Rangpo ao longo da margem esquerda. O ponto de confluência situa-se a cerca de 8 km a oeste do município de Rangpo.

O canal sofre muitas alterações subtis e não facilmente detectáveis de estação para estação, de ano para ano. As alterações do canal fazem parte do equilíbrio natural da dinâmica do curso de água. Nesta bacia hidrográfica, o perfil transversal e a dimensão do vale aumentam de montante para jusante. O raio hidráulico aumenta com a distância a jusante na bacia do rio Jamuna. As caraterísticas do canal foram alteradas de montante para jusante.

Saidur Rahaman

RECONHECIMENTO

Gostaria de expressar a minha gratidão a todos aqueles que me deram a possibilidade de concluir esta dissertação. Quero agradecer ao Departamento de Pós-Graduação em Geografia do Bhairab Ganguly College, em Calcutá, por me ter dado autorização para iniciar este trabalho de dissertação. Dr. Partha Basu, professor associado do departamento de geografia do Bhairab Ganguly College. Dr. Partha Basu, professor associado do departamento de geografia do Bhairab Ganguly College. Sem o seu encorajamento extremamente valioso e ativo, esta dissertação sobre "Caraterísticas hidráulicas do rio de montanha: A Study Of Rangpo River" nunca teria sido possível. Estou igualmente grato aos outros professores do departamento que me enriqueceram com os seus conhecimentos.

Estou igualmente grato ao pessoal do nosso departamento, Rabin Hasda, responsável pelo armazém do departamento de geografia da faculdade, que nos ajudou a fornecer instrumentos, mapas e materiais para o levantamento de campo.

Ultimamente, gostaria de agradecer a todos os membros do grupo participante que contribuíram de alguma forma para a sua conclusão com êxito.

De um modo geral, quero agradecer à minha família pela grande ajuda e apoio nos momentos difíceis.

Autor

CAPÍTULO 1

INTRODUÇÃO

O campo da geomorfologia é mais enriquecido com experiências diretas no terreno do que com ideias teóricas e respectiva discussão. Este estudo concentra-se nas caraterísticas hidráulicas do Rangpo Khola. O termo "Khola" significa um canal perene. O canal esculpiu o seu vale com mais ou menos 300-400 metros de largura. No entanto, o vale inclui também socalcos e as caraterísticas gerais do relevo conferem-lhe um aspeto policíclico e mais de um ciclo de desnudação está envolvido na construção do conjunto de uma grande variedade de formas de relevo.

Os rios são complexos e dinâmicos. Diz-se muitas vezes que um rio ajusta a sua rugosidade, velocidade, declive, profundidade, largura, etc., em resposta à alteração dos regimes climático, geológico e hidrológico. Estes ajustamentos podem ser rápidos ou lentos, dependendo da fonte e do carácter das forças que os geram. Quando um canal fluvial é modificado localmente, essa modificação pode dar início a alterações nas caraterísticas do canal e do caudal que se podem propagar tanto a montante como a jusante.

LOCALIZAÇÃO DA ZONA DE ESTUDO

O rio Rangpo é um afluente da margem direita do rio Tista, na cidade de Rangpo. Nasce ao longo do cume da fronteira internacional entre a Índia e a China, a uma altitude de 1.500 metros do Pico Nakchok. Tem dois cursos de água principais que se juntam perto da aldeia de Rigongteng. Até este limite, o rio segue uma direção de fluxo sudoeste e depois segue uma linha de falha e segue um curso de norte a sul por um comprimento de cerca de 20 km e depois segue novamente uma tendência de sudoeste através de um curso sinuoso que tem curvas de meandro parcialmente formadas. O Rangpo é o principal afluente do rio Rangpo. Junta-se ao Rangpo ao longo da margem esquerda. O ponto de confluência situa-se a cerca de 8 km a oeste do município de Rangpo.

A nossa área de trabalho de campo situa-se algures a oeste do ponto de confluência, a cerca de ($27^{0}12'18$ "N e $88^{O}38'37$ "E). A bacia do Rangpo é mais ou menos alongada e tem a forma irregular de uma folha. Na área de estudo, o vale do Rangpo é muito aberto, com uma área florestal ao longo da margem esquerda e uma paisagem cultivada à volta da margem direita. No entanto, a área cultivada não é contínua e cobre principalmente a área pertencente aos leques aluviais e aos terraços fluviais. Os terraços fluviais não emparelhados são comuns no vale do Rangpo. As paredes do vale estão frequentemente muito próximas do canal, enquanto noutros locais se encontram a uma distância considerável, dependendo da resistência dos leitos rochosos confinantes. No entanto, quanto mais nos aproximamos da secção a jusante, mais largo é o fundo do vale. Perto da fábrica Cipla, o vale é muito mais largo, enquanto no local onde foi instalado o novo projeto de produção de energia, o vale é mais estreito. No entanto, na secção a montante da confluência, tanto o Rangpo como o rio Rangpo têm secções de desfiladeiro estreitas e apertadas. Foi construída uma barragem a montante do município de Rangpo, onde a secção do desfiladeiro encerra um reservatório.

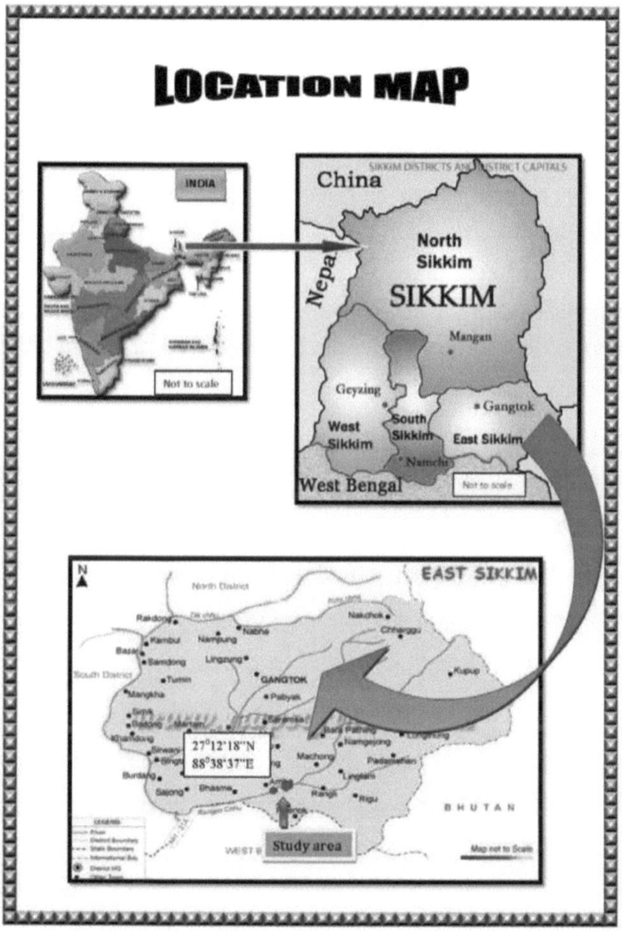

Figura. 1.1 Mapa de localização da área de estudo. (Fonte: Google)

SELECÇÃO DO TEMA

Em geomorfologia fluvial, é necessário compreender as caraterísticas hidráulicas de um canal. Nas zonas montanhosas, o rio tem um carácter muito variável. Por isso, a principal tarefa desta investigação é descobrir até que ponto a velocidade do canal, a forma do canal, o talvegue e as quedas hidráulicas mudam de um sítio para outro. Para compreender as caraterísticas do canal acima referidas, foi selecionado o presente trabalho de investigação, nomeadamente "Caraterísticas hidráulicas da bacia do Rangpo".

SELECÇÃO DA ÁREA

O objetivo era ter uma ideia de como um rio de montanha torrent é diferente do rio das nossas planícies aluviais vizinhas. Como o meu interesse reside principalmente na hidráulica de um canal, escolhi uma parte do rio Rangpo para completar o meu trabalho de dissertação. Uma parte acessível do canal [latitude-$27^0$11'47" N e longitude-$88^0$37'47.7" E a latitude-$27^0$12'18.8" N e longitude- 88°38'35.3" E] foi selecionada como área de estudo.

O estudo de campo foi realizado no mês de abril de 2013. Sendo o mês de abril a parte mais seca do ano, o rio é torrencial porque a nascente do rio está a receber queda de neve nessa altura.

OBJECTIVOS

Os principais objectivos do presente trabalho de dissertação são os seguintes

Compreender as caraterísticas hidráulicas em termos de

> Determinar a velocidade largura-profundidade em diferentes secções transversais;

> Determinar a velocidade do rio em diferentes secções transversais;

> Para descobrir o padrão de fluxo;

> Velocidade do rio e alteração da velocidade na presença de pedras;

> Compreender a deslocação do thalweg, a descarga, a queda hidráulica e as caraterísticas do escoamento.

LIMITAÇÕES DO ESTUDO

- Como a área da bacia hidrográfica é grande, não é possível estudar e observar toda a bacia do rio Rangpo. Por isso, selecionou-se uma pequena parte da bacia para completar o trabalho de dissertação.

- O rio é tão torrencial que não é possível fazer um corte transversal do rio, por isso foi contratada uma mão de obra [local] que nos ajudou a fazer 4 cortes transversais do rio,

- Também não é possível medir a velocidade em diferentes pontos das secções transversais do rio devido à forte corrente.
- O estudo pode ser mais significativo se houver mais unidades espaciais disponíveis para observação, ou seja, existem algumas zonas inacessíveis às quais não podemos aceder.

CAPÍTULO 2

METODOLOGIA E FONTES DE DADOS

TRABALHO DE CAMPO PRÉVIO:

Neste tipo de investigação orientada para o terreno, são normalmente realizadas sessões prévias ao terreno, nas quais se desenvolvem alguns conceitos iniciais, de modo a compreender as áreas específicas do terreno.

Durante a sessão de pré-campo, dividimos a nossa pesquisa inicial em três conjuntos de trabalhos.

1. Estudo da configuração das curvas de nível da bacia a partir da folha topográfica.
2. Levantamento da literatura anteriormente publicada sobre a bacia e a sua envolvente.
3. Efetuar uma análise morfométrica da bacia para conhecer as propriedades de base da bacia de drenagem.

Para além disso, foi também efectuada uma pesquisa na Internet para obter informações relevantes e um estudo da imagem de satélite da bacia. Foi elaborado um mapa da bacia a partir de uma folha topográfica [Mapa de Topo nº - NG 45-4].

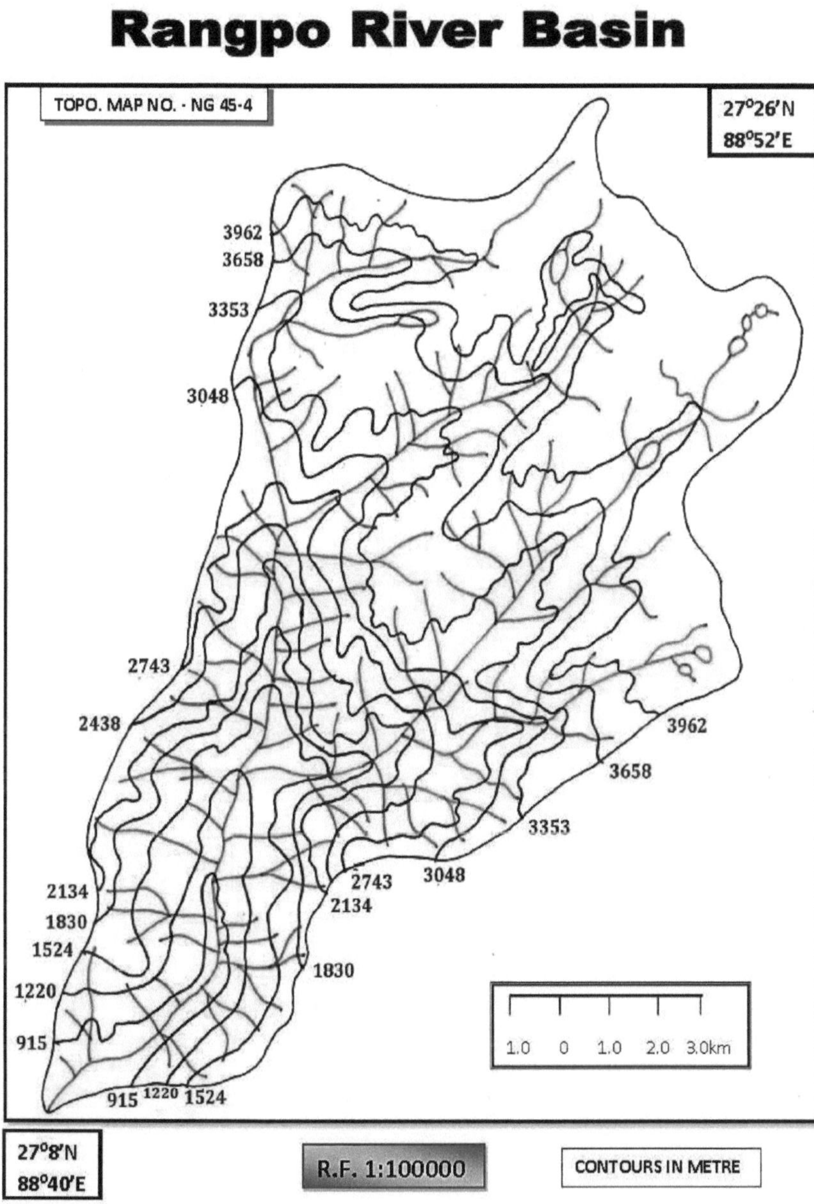

Figura. 2.1 Bacia hidrográfica do rio Rangpo (Fonte: Mapa de Topo nº - NG 45-4)[1]

[1] O mapa topográfico foi recolhido em Survey of India, Kolkata.

Table- Morphometric Analysis Of Rangpo Basin							
Area(A) sq km	Length of the basin(L), km	Perimeter (P), km	basin relief (H), m	order(u)	No. of streams in order(Nu)	Bifurcation ratio(R_b)	Mean of bifurcation ratio($\bar{R}_b$)
192	24.5	72	3050	1	82		6.68
						4.56	
				2	23		
						12.5	
				3	2		
						3	
				4	1		

Order wise total length of channel(ΣL_U),km	Order wise mean length of channel($\bar{L}_u$),km	Length ratio(R_L)	Order wise total basin area(ΣA_U) sq. km	Order wise mean basin area(A_u),sq.km	Area ratio(R_A)
119	**1.45**		**53.75**	**0.65**	
		1.7			**0.70**
70	**3.04**		77.25	**3.3**	
		2.33			**0.77**
30	**15**		**100.12**	**50.06**	
		1.03			**0.52**
29	**29**		**192**	**192**	

Circularity ratio(R_c)	Elongation ratio(R_E)	Form factor(F)	drainage density(D_D)	Density of streams(D_S)	Drainage texture(D_T)	H/P
0.46	0.01	0.31	1.29	0.56	0.72	0.62

Orderwise total length of channel(ΣL_U),m	Orderwise mean length of channel($\bar{L}_u$),m	Order wise total vertical distance(ΣVu),m	Orderwise Mean vertical distance($\bar{Vu}$),m	Mean stream slope ($\bar{Su}$)
119000	1450	52425	639.32	0.44
70000	3040	24841	1080.04	0.35
30000	15000	4724	2362	0.15
29000	29000	3810	3810	0.13

(Fonte: Mapa Topo. nº - NG 45-4)

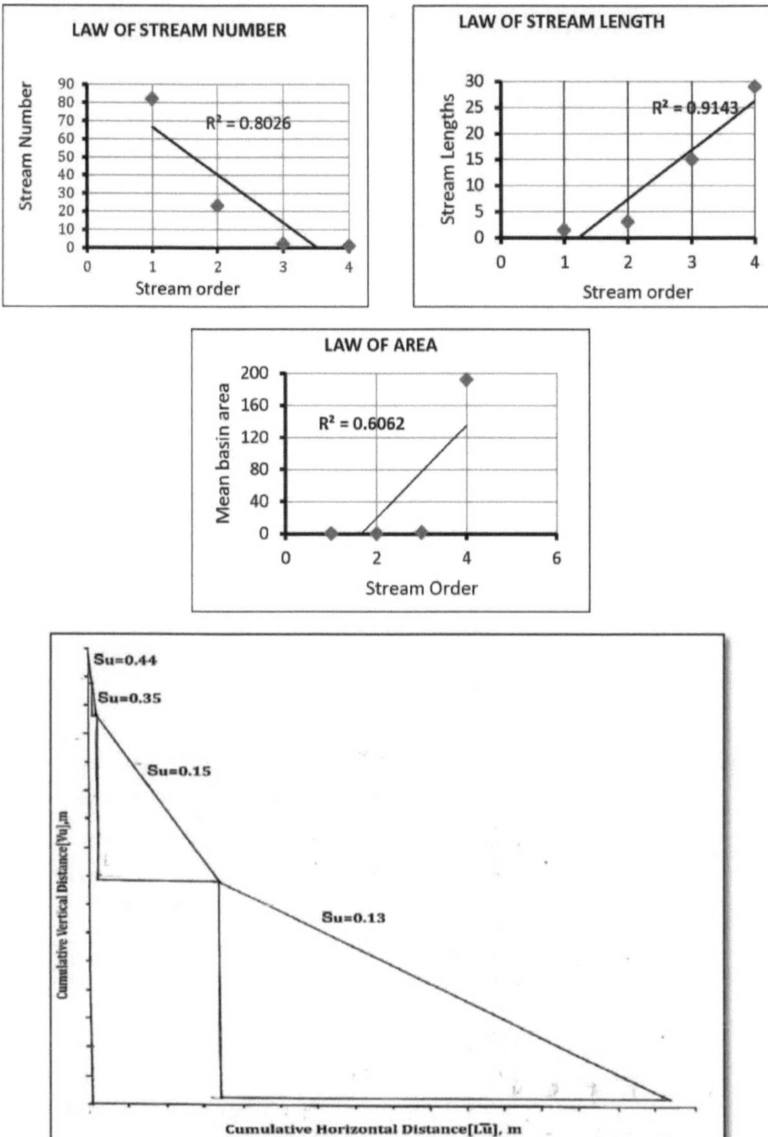

Figura.2.2 Aplicações das Leis de Horton da Bacia do Rangpo.

APLICAÇÕES DAS LEIS DE HORTON NA BACIA DO RANGPO (Interpretação)

> Relação entre a ordem dos cursos de água e o número de cursos de água:

No diagrama, a relação entre a ordem dos cursos de água e o número de cursos de água é apresentada através de um diagrama de dispersão. As ordens dos cursos de água são apresentadas ao longo do eixo "X" e os números dos cursos de água são apresentados no eixo "Y". Também calculamos e desenhamos uma linha de tendência. O valor de R é -0,80. A linha de tendência revela que a relação entre a ordem dos cursos de água e o número de cursos de água é negativa, ou seja, quando a ordem dos cursos de água aumenta, o número de cursos de água diminui.

> Relação entre a ordem dos cursos de água e o comprimento dos cursos de água:

No diagrama, a relação entre a ordem dos cursos de água e o comprimento médio dos cursos de água é apresentada através de um diagrama de dispersão. As ordens dos cursos de água são apresentadas ao longo do eixo "X" e os comprimentos médios dos cursos de água ao longo do eixo "Y". O cálculo e a linha de tendência mostram que o valor R é de 0,84. A linha de tendência revela que a relação entre a ordem dos cursos de água e o comprimento dos cursos de água é fortemente positiva, ou seja, quando a ordem dos cursos de água aumenta, o comprimento médio dos cursos de água também aumenta.

> Relação entre a ordem dos cursos de água e a área da bacia:

No diagrama, a relação entre a ordem dos cursos de água e a área da bacia é apresentada através de um diagrama de dispersão. As ordens dos cursos de água são apresentadas no eixo "X" e as áreas dos cursos de água no eixo "Y". O valor R calculado é de 0,60. A linha de tendência revela que a relação entre a ordem dos cursos de água e a área dos cursos de água é fortemente positiva, ou seja, quando a ordem dos cursos de água aumenta, a área da bacia hidrográfica também aumenta.

> Relação entre a ordem do curso de água e o declive do curso de água :

No diagrama, a distância horizontal média acumulada é mostrada ao longo do eixo 'X' e a distância vertical média acumulada é mostrada ao longo do eixo 'Y', o valor começa em 0 ao longo do canto esquerdo da abcissa, enquanto a distância vertical é marcada no ponto mais alto da ordenada. O rácio entre a distância vertical e a distância horizontal de qualquer ordem indica o declive do curso de água. Os valores respectivos obtidos para quatro ordens de cursos de água são 0,44, 0,35, 0,15 e 0,13. Assim, verifica-se que o declive do curso de água diminui sucessivamente após valores mais elevados da ordem do curso de água. Assim, a lei do declive do curso de água funciona com sucesso nesta bacia de drenagem.

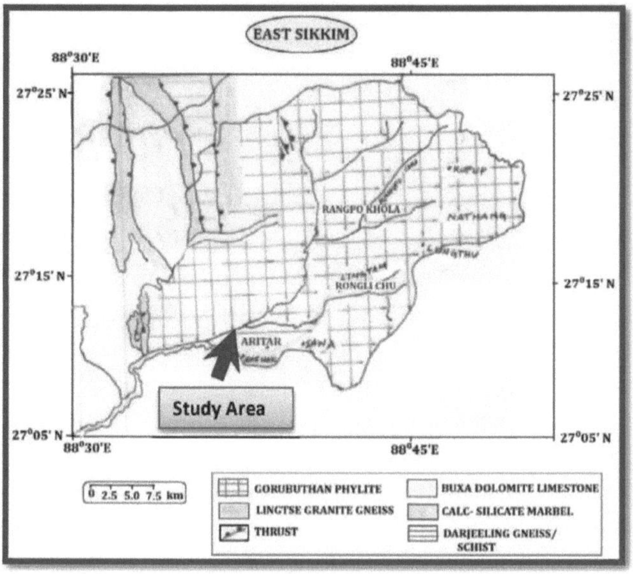

Figura.2.3 Mapa geológico. (Fonte: Geological Survey of India)

PESQUISA BIBLIOGRÁFICA

Para efeitos do meu trabalho de dissertação, começou por ser feita uma pesquisa bibliográfica intensiva. Foram recolhidos e revistos alguns livros. Rivers by Morisawa, Earth's Changing Surface by M.J. Selby, Fundamentals of Geomorphology by Richard John Hugget, Fluvial process in geomorphology by Leopold, wolman and Millar, Advance practical geography by Pijush kanti Saha and Partha Basu. Para além destes livros, também adquiro conhecimentos através da Internet.

A ficha topográfica da bacia do rio Rangpo foi recolhida junto do meu professor. O mapa do Google também ajuda a compreender a localização e a altura do rio e fornece informações gerais.

Ellen E. Wohl, Andrew Wilcox (2004). - Um conjunto de dados de 21 troços de estudo nos rios Porter e Kowai (lado oriental da Ilha do Sul) e 13 troços de estudo em Camp Creek e bacias adjacentes (lado ocidental da Ilha do Sul) foi utilizado para examinar a geometria hidráulica a jusante de cursos de água de montanha na Nova Zelândia. Os cursos de água nas regiões oriental e ocidental apresentam ambos uma geometria hidráulica a jusante bem desenvolvida, tal como indicado pelas fortes correlações entre a largura do topo do canal, a profundidade total, a velocidade média e a descarga total. Os expoentes das relações de geometria hidráulica são semelhantes aos valores médios dos rios a nível mundial. Factores como a entrada de sedimentos coluviais nos canais, os processos coluviais ao longo dos canais, a elevação tectónica e a exposição descontínua de rochas ao longo dos canais podem complicar o ajustamento da geometria do canal ao aumento da descarga a jusante. A presença de relações de geometria hidráulica bem desenvolvidas a jusante, apesar destes factores complicadores, é interpretada como indicando que a relação entre as forças hidráulicas e as forças de resistência do substrato é suficientemente grande para permitir o ajustamento do canal a descargas relativamente frequentes."

Ellen Wohl (2005). - "A bacia superior do Rio Chagres drena 414 km2 de topografia montanhosa no centro do Panamá. Os declives das colinas excedem os 45° em mais de 90% da bacia e são altamente dissecados por uma rede de canais predominantemente de rocha. Uma variedade de litologias de rocha ígnea está exposta de forma descontínua ao longo dos canais, que seguem e atravessam estruturas geológicas. Ocorrem mudanças locais no gradiente e na geometria do canal quando este atravessa uma unidade de rocha mais resistente, mas o perfil longitudinal no seu todo é côncavo. Os sedimentos grosseiros são introduzidos através de canais tributários e deslizamentos de terras. A bacia apresenta valores elevados de descarga por unidade de superfície. A geometria do canal, a granulometria do leito, a velocidade e a descarga foram estudadas em 40 troços curtos de canal ao longo da bacia para examinar como as relações de geometria hidráulica a jusante e outras caraterísticas do canal (i) se comparam com as de drenagens de montanha em regiões temperadas e (ii) reflectem variáveis específicas do local versus variáveis como a área de drenagem e a descarga que mudam progressivamente para jusante. Os expoentes da geometria hidráulica a jusante são 0,36 para o raio hidráulico, 0,43 para a largura do topo do canal e 0,24 para a velocidade média. Estes valores

são semelhantes aos valores médios para os rios de todo o mundo, apesar da inclusão de trechos de poças, riachos e desfiladeiros de rocha no conjunto de dados. A presença de fortes tendências de geometria hidráulica a jusante indica que as forças hidráulicas excedem suficientemente as forças de resistência para se sobreporem às influências litológicas específicas na largura e profundidade do canal, quando calculadas as médias à escala da sub-bacia e da bacia. As fracas correlações entre a granulometria e a área de drenagem, o caudal ou o gradiente de alcance e entre o gradiente de alcance e a área de drenagem ou o caudal sugerem que os deslizamentos de terras e a litologia do leito rochoso controlam localmente a granulometria e o gradiente de alcance."

FLUXO EM CANAL ABERTO

De acordo com Morisawa (1985), o escoamento em canal aberto pode ser classificado em dois tipos:

> Escoamento estável ou instável: O escoamento estável ocorre quando a velocidade não se altera em magnitude ou direção com o tempo. Por conseguinte, o escoamento

regular implica uma profundidade constante ao longo do tempo considerado.

> Escoamento uniforme ou não uniforme: - O escoamento não uniforme ocorre quando a velocidade flutua em magnitude ou direção com o tempo. Este tipo de escoamento é caracterizado pela alteração da profundidade ao longo do tempo.

TIPOS DE FLUXO

Fluxo laminar: M.A. Summerfield define o fluxo laminar como o movimento paralelo da água ao longo de um canal liso e retilíneo a uma velocidade lenta. Na camada de fluxo laminar, a camada de velocidade máxima situa-se abaixo da superfície da água. Na fronteira com o leito ou com as paredes do canal, a velocidade é zero e aumenta com a distância da fronteira.

Fluxo turbulento: Quando a velocidade excede um valor crítico, o escoamento do fluido torna-se turbulento. Este tipo de fluxo é caracterizado por uma variedade de movimentos caóticos, com remoinhos heterogéneos secundários sobrepostos ao fluxo principal.

PARÂMETROS DO CANAL

Área da secção transversal: A área é uma quantidade que expressa o tamanho bidimensional de uma parte definida de uma superfície, normalmente uma região limitada por uma curva fechada.

Perímetro molhado: No escoamento em canal aberto, o perímetro molhado é definido como a superfície do fundo e dos lados do canal em contacto direto com o corpo aquoso.

Wetted perimeter= *Cross Sectional Area* $[m^2]$ / *Hydraulic radius[m]*

Raio hidráulico: O raio hidráulico é definido como a razão entre a área da secção transversal de um canal de escoamento e o perímetro molhado do escoamento. O raio hidráulico tem, portanto, unidades de comprimento.

Raio hidráulico= *Área da secção transversal* $[m^2$ / *Perímetro molhado [m]*

Descarga: O caudal é o volume de água que passa por um determinado ponto numa unidade de tempo Q= A X V

Descarga total da margem: A descarga de um rio que está apenas contida nas margens. Este é o estado de velocidade máxima no canal e, por conseguinte, de máxima competência para o transporte de detritos.

Assume-se que o caudal total da margem é um fator determinante da dimensão e forma do canal de um rio, mas é difícil de medir no terreno e existe uma grande variedade de procedimentos de campo para esta medição.

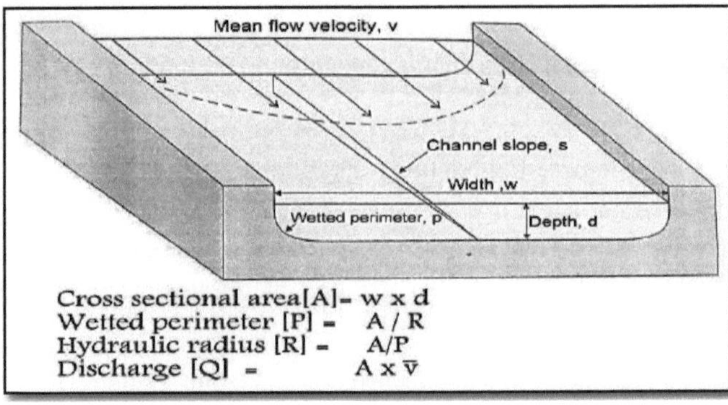

Figura. 2.4 Variáveis utilizadas na descrição do caudal.

EFEITO DA FORMA DO CANAL NA ÁREA DA SECÇÃO TRANSVERSAL, NO PERÍMETRO MOLHADO E NO RAIO HIDRÁULICO

Se tomarmos um exemplo, existem dois canais, o Canal A e o Canal B. A única diferença entre eles é a sua forma. O Canal-A é largo e pouco profundo, enquanto o Canal-B é estreito e profundo. Ambos têm a mesma área de secção transversal, mas o perímetro molhado é maior para o Canal-A [22m], enquanto que, no caso do Canal-B, o perímetro molhado é menor [14m], resultando num raio hidráulico variável.

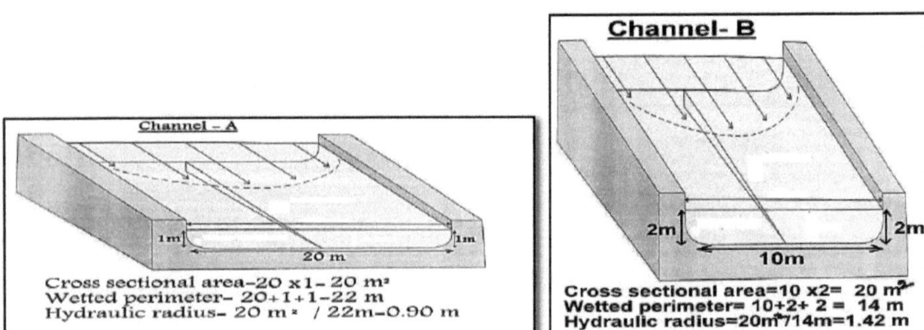

Figura.2.5 O efeito da forma do canal no raio hidráulico; os canais largos e pouco profundos são menos eficientes do ponto de vista hidráulico do que os canais mais estreitos e profundos. [Adaptado de Kay, 1998].

GOTA HIDRÁULICA

M.A. Summerfield define a queda hidráulica como uma mudança de fluxo subcrítico para supercrítico, acompanhada por uma redução da profundidade da água. A mudança pode ser devida a alterações na inclinação do próprio canal ou pode ser criada artificialmente pela utilização de construções que procuram controlar o fluxo de água através de um canal.

SALTO HIDRÁULICO

A ideia de uma queda hidráulica é o oposto do que se designa por salto hidráulico. De acordo com M.A. Summerfield, um salto hidráulico é uma mudança súbita de um caudal supercrítico para um caudal subcrítico; produz uma onda estacionária e um aumento da profundidade da água.

NÚMERO DE FROUDE

Segundo R.J. Huggett, o número de Froude é definido pela raiz quadrada do rácio entre a força de inércia e a força da gravidade. Pode ser definido de forma equivalente como o rácio entre a inércia de um corpo e as forças gravitacionais. Na mecânica dos fluidos, o número de Froude é utilizado para determinar a resistência de um objeto parcialmente submerso que se move através da água e permite a comparação de objectos de diferentes dimensões. O número de Froude é normalmente calculado como:

$$Fr = \frac{V}{\sqrt{gD}}$$

Fr= Froude number
V = Water velocity
D = Hydraulic depth
g = Gravity

[Quando Fr = 1, caudal crítico,

Fr > 1, fluxo supercrítico (fluxo rápido e acelerado),

Fr < 1, fluxo subcrítico (fluxo lento / tranquilo)].

TRABALHO DE CAMPO

O trabalho de campo refere-se a tudo o que foi feito na bacia do rio Rangpo durante a nossa visita de campo programada. Como o presente tópico diz respeito às caraterísticas hidráulicas do rio, foi efectuado um extenso levantamento instrumental. Utilizou-se um nível, um bastão e fitas para fazer secções transversais do rio. Para medir a velocidade da água é utilizado um correntómetro. A extensão latitudinal, longitudinal e a altitude são registadas através de GPS [Global Positioning System].

PÓS-TRABALHO DE CAMPO

Após a recolha dos dados, é necessário organizá-los, tabulá-los e apresentá-los num método cartográfico e estatístico. Neste contexto, o computador é um dispositivo indispensável e importante através do qual todas as apresentações são efectuadas. Os perfis transversais do rio são construídos em Excel e as relações são também apresentadas em Excel [diagrama de dispersão].

Capítulo 3

Placa.1 Imagem do Google da área de estudo. (Fonte: Google Map,2013)

SECÇÕES TRANSVERSAIS EM PORMENOR

Foram tomadas 4 secções transversais numa parte específica do rio Rangpo para compreender a área da secção transversal, a largura, a profundidade, o perímetro molhado da descarga, etc. de cada secção transversal. Os pormenores são os seguintes:

Secção transversal A

Esta secção transversal está localizada na secção de montante. A secção transversal A tem 26,25 m^2 de área de secção transversal, 32,80 m de perímetro molhado por um lado e 31,40 m de largura, 0,80 m de raio hidráulico por outro. A forma da secção transversal A é quase semicircular e a profundidade é baixa. A menor profundidade do rio nessa parte causou turbulência.

Secção transversal B

A secção transversal B tem uma forma quase semicircular. A secção transversal B tem uma área de secção transversal de 26,52 m^2 e um perímetro molhado de 34 m. A profundidade mais baixa está localizada nesta secção entre as 4 secções transversais, o que leva a uma velocidade elevada. Nesta secção transversal, o ponto de thalweg encontra-se no lado direito da mesma.

Secção transversal C

A secção transversal C tem uma largura de 28,60 metros e uma forma assimétrica. Tem uma profundidade máxima [1,30 m] entre todos os perfis. A secção transversal C tem 44,46 m^2 de área de secção transversal, 34,6 m de perímetro molhado. O ponto de Thalweg está localizado na parte central do canal. Algumas deposições de pedras também são observadas nesta parte do rio, o que aumenta a turbulência.

Secção transversal D

A secção D tem 44,84 m^2 de área de secção transversal, 36 m de perímetro molhado, por um lado, e 34,6 m de largura e 1,24 m de raio hidráulico, por outro. A área da secção transversal máxima é observada nesta secção. A deposição de pedras causou turbulência. O ponto de Thalweg situa-se na parte central do canal.

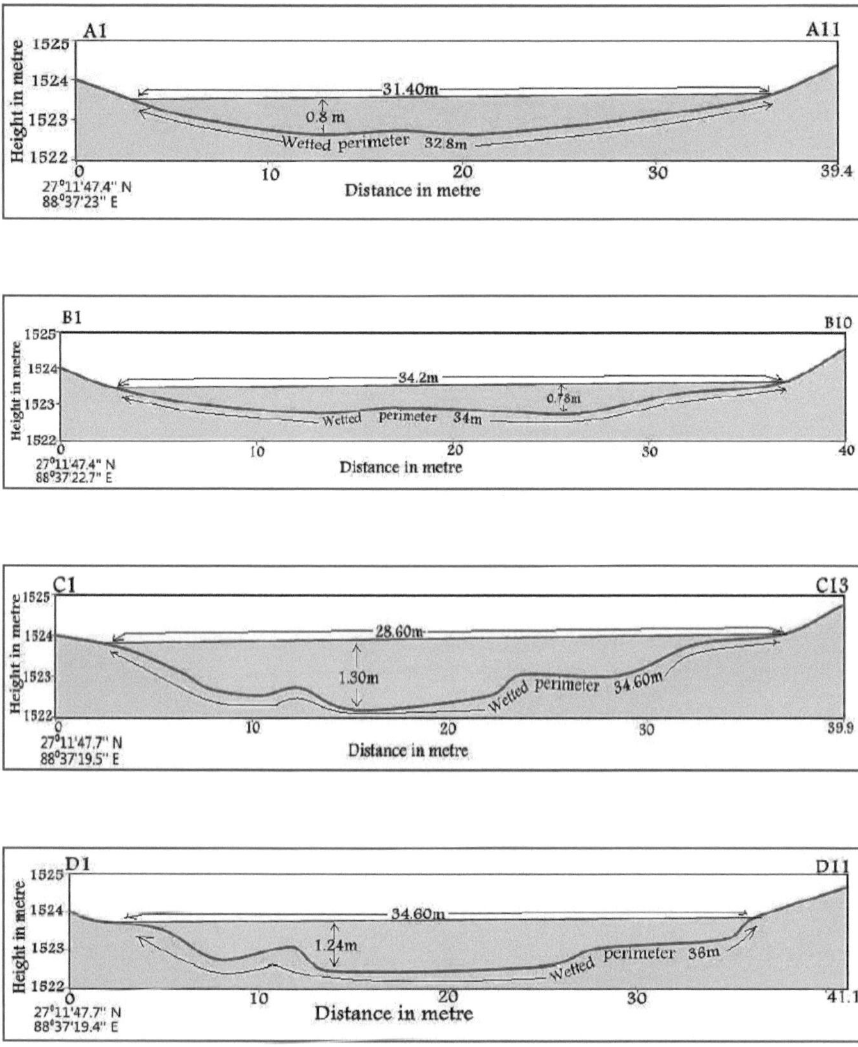

Figura. 3.1 Perfis transversais do canal (Fonte: Tabela- 3)

CÁLCULO PARA DETERMINANTES HIDRÁULICOS

Perfil A

Área da secção transversal [A] = 26,25 m2

Perímetro molhado [P] = 26,25 m2 /0,8 m = 32,8 m

Raio hidráulico [R] =26,25 m2 /32,8 m= 0,8 m

Descarga [Q] = 26,25 x 1,118= 29,34 m3/seg

Perfil B

Área da secção transversal [A] = 26,52 m2

Perímetro molhado [P] = 26,52 m2 /0,78 m = 34 m

Raio hidráulico [R] =26,52 m2 /32,4 m= 0,78 m

Descarga [Q] = 26,52 x 1,256= 33,30 m3/seg

Perfil C

Área da secção transversal [A] = 44,46 m2

Perímetro molhado [P] = 44,46 m2 /1,30 m = 34,6 m

Raio hidráulico [R] =44,46 m2 /34,6 m= 1,30m

Descarga [Q] = 44,46 x 0,89= 39,56 m3/seg

Perfil D

Área da secção transversal [A] = 44,84 m2

Perímetro molhado [P] = 44,84 m2 /1,24 m = 36 m

Raio hidráulico [R] =44,84 m2 /36 m= 1,24m

Descarga [Q] = 44,84 x 0,92= 41,25 m3/seg

DISTRIBUIÇÃO DA VELOCIDADE

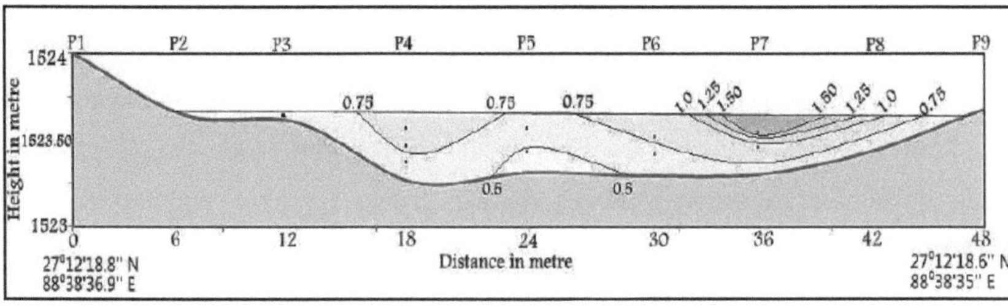

Figura. 3.2. Distribuição da velocidade (Tabela 3.8)

A velocidade é definida como a taxa de movimento da água de um ponto a outro ponto numa determinada unidade de tempo ao longo do canal do rio. A distribuição da velocidade numa secção transversal pode ser mostrada por isovias, ou seja, linhas que unem os pontos de igual velocidade.

O diagrama acima mostra a distribuição da velocidade no rio Rangpo numa determinada secção transversal com a ajuda de isóbaras. No diagrama estão desenhados 5 valores diferentes de isóbaras com um intervalo de 0,25, nomeadamente 0,5, 0,75, 1,0, 1,25 e 1,50. Ao longo do perfil, cada estação é escolhida com um intervalo de 6 metros.

No caso da estação p3, observa-se que aqui o rio é pouco profundo e a velocidade é relativamente baixa [0,536m/s]. Esta estação está localizada perto da margem esquerda do rio.

Na estação p4, observa-se que a velocidade aumenta em direção à superfície da água. Aqui a velocidade máxima é de 0,927 m/s, o que indica uma velocidade elevada da água. Observa-se também que, em ambos os lados da estação p4, a velocidade diminui devido à influência das pedras, mas nesse ponto a velocidade é mais elevada.

Ao longo do perfil transversal a velocidade mais baixa [0.495 m/s] é encontrada na estação p5 perto do leito do rio. Esta estação está localizada na parte média do rio, mas as velocidades são mais baixas devido à presença de uma grande rocha perto da estação, o que reduz as velocidades.

No caso da estação p6, a linha Isovel 0.75m/seg é encontrada, o que indica alta velocidade. Aqui as velocidades seguem a lei geral do fluxo, ou seja, a velocidade diminui gradualmente em direção ao leito do rio.

Na estação p7, a velocidade máxima [1.57 m/s] é encontrada perto da superfície da água. As linhas de nível 0.75, 1.0, 1.25, 1.50 são observadas nessa parte da secção transversal. O fluxo principal está a passar por essa parte do rio. A estação P7 está localizada perto da margem direita do canal.

Com base nas velocidades do perfil transversal, observa-se que a velocidade diminui gradualmente em direção ao leito do rio. Observa-se a velocidade mais alta na estação p7 [1.57 m/s] e a velocidade mais baixa [0.495m/s] na estação p5. A presença de pedras é a principal responsável pela variação da velocidade no rio.

Ao lado desta secção transversal [P] do rio, foram também tomadas 4 secções transversais, mas nessa parte do rio o fluxo de água era muito forte, pelo que não foi possível tomar velocidades ao longo de todas as secções transversais. Foram também tomadas algumas velocidades em cada secção transversal da margem esquerda. As velocidades mostram a mesma tendência, ou seja, a velocidade diminui em direção ao leito do rio.

DESLOCAÇÃO DO THALWEG

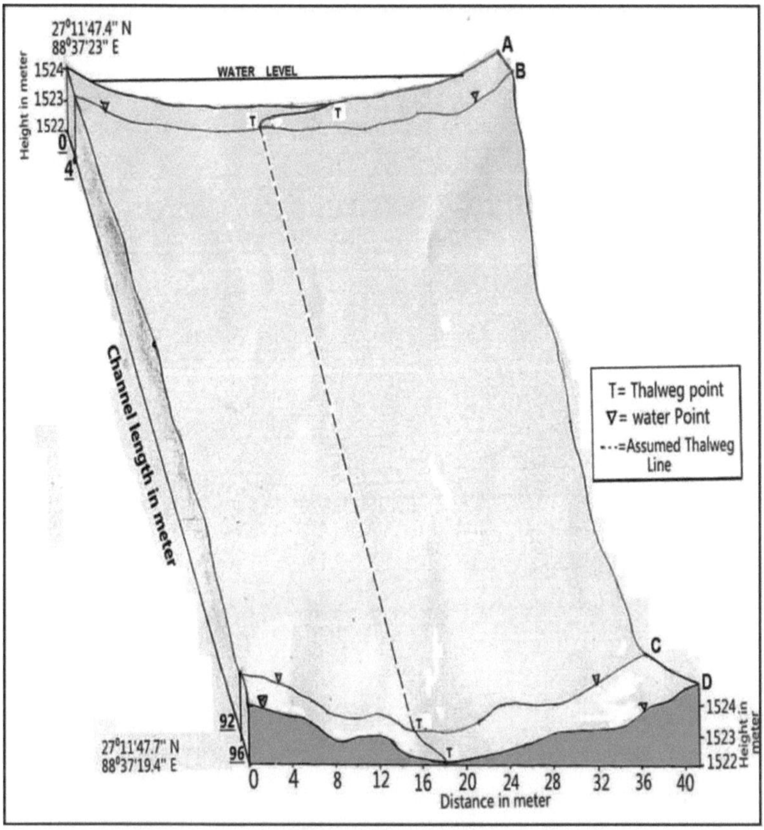

Figura.3.3. Deslocação de Thalweg. (Fonte: Inquérito primário)

Thalweg é definido como o ponto mais profundo de um canal; é uma caraterística erosiva dentro da cavidade do canal. O ponto de Thalweg desloca-se ao longo do canal seguindo a linha principal do fluxo do canal. Depende em grande medida do material do leito e da resistência da rocha.

Ao longo da secção transversal A a A11, a profundidade do talvegue é na estação A7 [0.80 m] que se encontra a 20 metros de distância da margem direita.

Ao longo da secção transversal B a B10, a profundidade do talvegue é na estação B4 [0.78 m] que está localizada a 15 metros de distância da margem direita.

A secção transversal C é tomada a 88 metros de distância da secção transversal B em direção a jusante. Esta secção transversal é bastante diferente de A e B. A profundidade total é maior em comparação com a estação A e B. Aqui a profundidade do talvegue é de 1,30 metros no ponto C7 que está localizado a 15 metros de distância da margem direita. Esta é a mais profunda das 4 secções transversais. Nesta secção transversal, observa-se um grande número de pedras.

Ao longo da secção transversal D a D10, a profundidade do talvegue é de 0,78 metros, localizada a 18 metros de distância da margem direita. Nesta secção transversal, observa-se também um grande número de pedras.

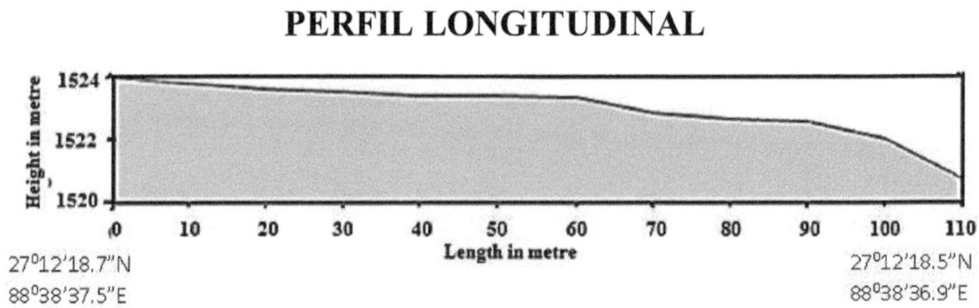

Figura. 3.4 Perfil longitudinal de uma parte do rio Rangpo. (Fonte: Tabela 3.7)

O rio foi medido longitudinalmente para construir um perfil longitudinal, com 110 metros de comprimento e localizado entre 27^{0}12'18.7 "N e 88°38'37.5 "E e 27^{0}12'18.5 "N e 88^{0}38'36.9 "E.

Na nossa área de estudo, a profundidade do rio está a aumentar em direção a jusante. Uma barra a meio do canal desenvolve-se onde o nosso trabalho de campo foi efectuado e o fluxo principal passa pelo lado direito da barra ao longo da margem direita do rio.

O canal tem uma largura mais ou menos semelhante, mas a profundidade do canal varia. Na secção a montante, a profundidade é menor, o que aumenta a velocidade da água. A presença de algumas pedras grandes no canal aumenta a turbulência.

Observa-se que o rio está a fluir para jusante em etapas. São observados dois pontos de rutura principais. Os degraus são criados por rochas duras e a água saltou da parte superior para a parte inferior sob a forma de queda hidráulica. Em frente dos rochedos [a jusante] há uma profundidade elevada devido à elevada turbulência e à elevada ação hidráulica perto dos rochedos.

Em 110 metros de comprimento, o rio desce 3,285 metros, o que indica que o rio tem diferentes rochas com resistência diferencial. As rochas macias são susceptíveis à erosão e são erodidas rapidamente, mas as rochas duras resistem à erosão e criam um ponto de rutura.

Observa-se que no comprimento de 110 metros, o rio tem dois pontos de rutura e a presença de uma grande quantidade de pedras que variam de tamanho errático a médio, o que revela claramente que o rio está em fase juvenil.

ANÁLISE DAS RELAÇÕES

Relação entre a profundidade e o perímetro molhado:

No diagrama, a relação entre a profundidade e o perímetro molhado é apresentada através de um diagrama de dispersão. A profundidade da secção transversal no eixo 'X' e o perímetro molhado no eixo 'Y' são mostrados. Também calculámos e desenhámos uma linha de tendência. Aqui, o valor 'Yc' é Yc=3,691x + 30,54 e o valor R2 é 0,596. A linha de tendência revela que a relação entre a profundidade e o perímetro molhado é moderadamente positiva, ou seja, quando a profundidade do rio aumenta, o perímetro molhado também aumenta.

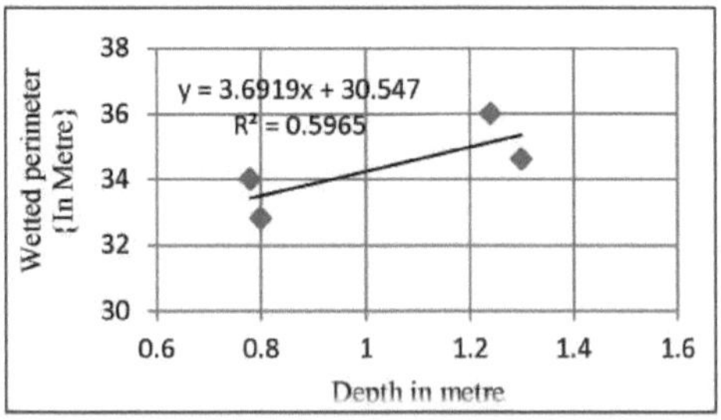

Figura: 3.5.1. Relação entre a profundidade e o perímetro molhado.

Relação entre profundidade e velocidade:

Tentamos compreender a relação entre a profundidade e a velocidade através de um diagrama de dispersão e de uma linha de tendência. As profundidades de 4 secções transversais são apresentadas no eixo "X" e a velocidade média no eixo "Y". Aqui, o valor de "Yc" é Yc= -0,592x + 1,656 e o valor de R2 é -0,910. A linha de tendência mostra que existe uma forte relação negativa entre a profundidade e a velocidade. Assim, podemos dizer que, com o aumento da profundidade em relação à superfície da água, a velocidade diminui.

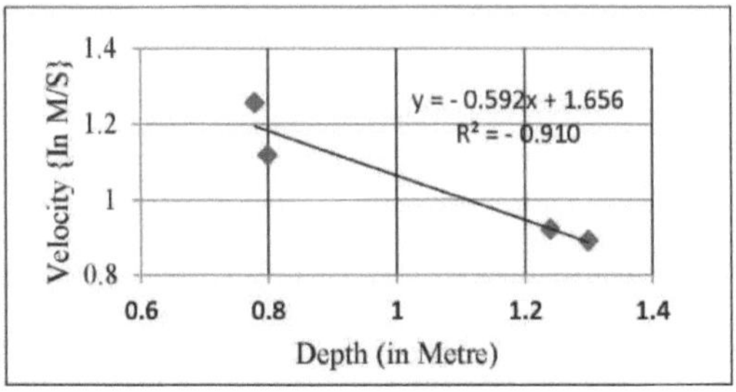

Figura: 3.5.2 Relação entre profundidade e velocidade.

Relação entre a área da secção transversal e a descarga:

O diagrama mostra a relação entre a área da secção transversal e a descarga. Aqui, o valor de "Yc" é Yc=0,499x + 18,11 e o valor de R^2 é 0,908. A linha de tendência e o valor R' mostram que a relação entre a área da secção transversal e o caudal é fortemente positiva. A partir desta relação, pode dizer-se que quando a área da secção transversal aumenta, o caudal também aumenta.

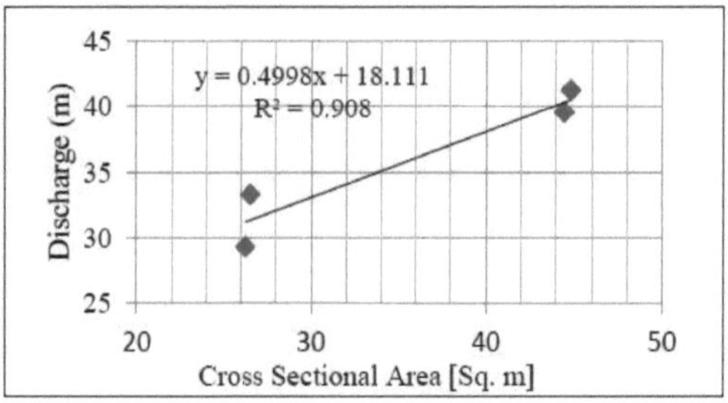

Figura: 3.5.3 Relação entre a área da secção transversal e a descarga.

Relação entre profundidade e descarga:

No diagrama, é apresentada a profundidade das 4 secções transversais no eixo "X" e a descarga no eixo "Y". Aqui o valor 'Yc' é Yc=18.37x + 16.93 e o valor R2 é 0.854. Pela linha de tendência, compreendemos que a relação entre a profundidade e o perímetro molhado é fortemente positiva. Assim, podemos dizer que quando a profundidade do canal aumenta, a descarga também aumenta.

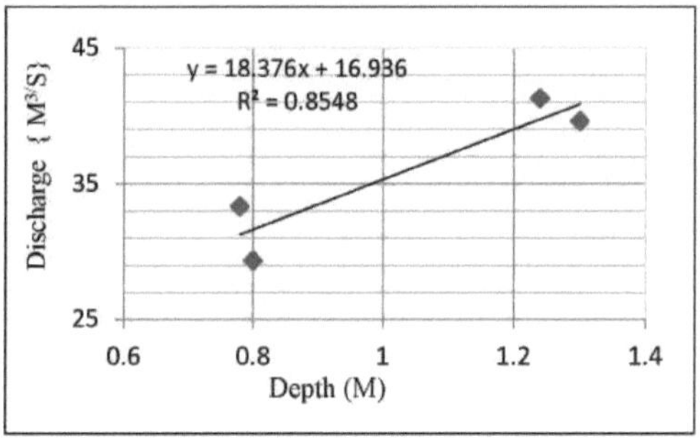

Figura: 3.5.4 Relação entre profundidade e descarga.

Relação entre largura e profundidade:

A largura de 4 secções transversais é apresentada no eixo 'X' e a profundidade no eixo 'Y'. Aqui o valor de 'Yc' é Yc= -0,033x + 2,110 e o valor de R^2 é - 0,113. A linha de tendência e o valor de R' mostram que a relação entre a largura e a profundidade é negativa, ou seja, quando a largura do rio aumenta, a profundidade diminui. por outro lado, quando a largura do rio diminui, a profundidade aumenta.

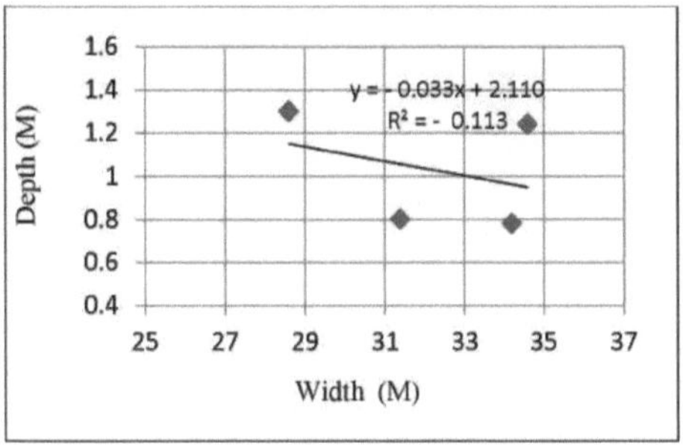

Figura:3.5.5 Relação entre largura e profundidade (Fonte: Tabela-3.5)

CAPÍTULO 4

NÚMERO DE FROUDE

O número de Froude é um número adimensional definido pela raiz quadrada do rácio entre a força de inércia e a força da gravidade. O número de Froude é normalmente calculado como:

$$Fr = \frac{V}{\sqrt{gD}}$$

Fr= Froude number
V = Water velocity
D = Hydraulic depth
g = Gravity

Profile A

$$Fr = \frac{V}{\sqrt{gD}}$$

=1.118/ √0.8

=1.24

Profile B

$$Fr = \frac{V}{\sqrt{gD}}$$

=1.256/ √0.78

=1.42

Profile C

$$Fr = \frac{V}{\sqrt{gD}}$$

=.89/ √1.30

=0.78

Profile D

$$Fr = \frac{V}{\sqrt{gD}}$$

=0.93/ √1.24

=0.82

Para o perfil transversal A, o número de Froude é 1,24, o que significa que o escoamento é supercrítico ou turbulento. A secção transversal A está localizada no curso superior do rio e nessa parte do rio é mais plana do que a jusante, o que aumenta a velocidade, por um lado, e com a presença de pedras, o fluxo torna-se turbulento, por outro lado. Aqui, a velocidade média é de 1,118 m/s e a profundidade máxima de 0,8 m.

Entre as 4 secções transversais, a velocidade média máxima é de 1,256 m/s e a profundidade mínima é de 0,78 m na secção transversal B. A presença de pedras e a pouca profundidade da água induzem uma elevada turbulência do escoamento por observação empírica. E a nossa observação empírica também é justificada pelo número de Froude. O número de Froude é 1,42 para esta secção transversal, o que mais uma vez prova que o fluxo é turbulento.

A secção transversal C tem a profundidade máxima [1,30m] e a velocidade média mínima [0,89 m/s] entre as 4 secções transversais. O número de Froude calculado é 0,78. O Número de Froude revela que o escoamento é corrente ou subcrítico. A profundidade reduz a velocidade e a quase ausência de pedras também reduz a turbulência do fluxo nessa parte do rio.

Aqui no perfil D, o rio também tem uma profundidade consideravelmente alta [1,24 m] e, como resultado, a velocidade é menor. Como já sabíamos que a profundidade e a velocidade estão inversamente correlacionadas, é por isso que o número de Froude também é mais baixo. Para esta secção, o número de Froude é 0,82, o que revela que o escoamento é corrente ou subcrítico.

A partir da informação acima, obtemos 2 escoamentos turbulentos e 2 escoamentos correntes de acordo com o número de Froude. Também se observa que, quando a profundidade aumenta, a velocidade diminui e o número de Froude também diminui.

RELAÇÃO ENTRE OS DIFERENTES NÍVEIS DE ÁGUA E A VELOCIDADE

Tentamos mostrar a relação entre a altura do leito do rio e a velocidade de 4 secções transversais do rio Rangpo através de um diagrama de dispersão. Nos diagramas seguintes, a altura do leito do rio é apresentada no eixo "X" e a velocidade no eixo "y".

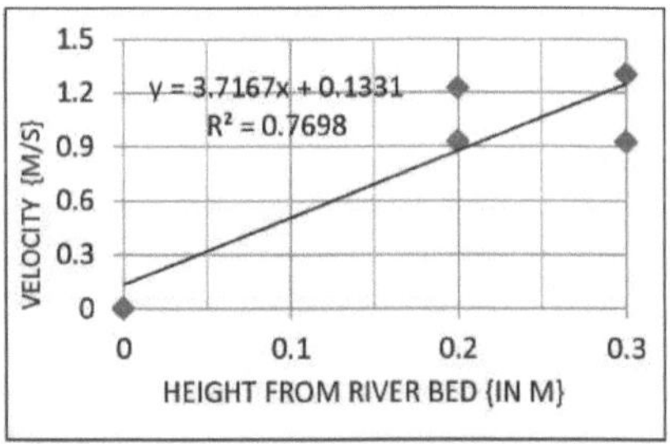

Figura. 4.1.1 Relação entre os diferentes níveis de água e a velocidade do perfil A.

(Fonte: (Quadro- 4.1).

A profundidade do rio aumenta em direção à parte central da secção transversal. Aqui o valor de R2 é 0.769. A linha de tendência revela que as velocidades aumentam com o aumento da altura do leito do canal, por outras palavras, a velocidade aumenta em direção à superfície da água.

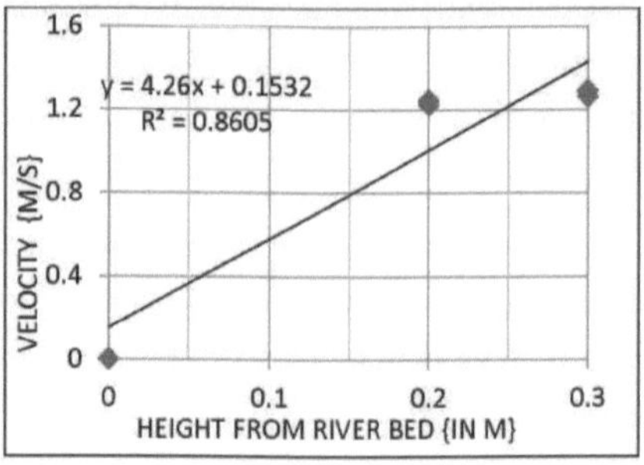

Figura.4.1.2 Relação entre os diferentes níveis de água e a velocidade do perfil B. (Quadro 4.1).

No caso do perfil transversal B, o valor de R^2 é de 0,860, ou seja, a linha de tendência mostra uma correlação positiva entre as referidas variáveis, isto é, quando a altura do leito do rio aumenta, a velocidade também aumenta. A velocidade mais elevada é observada perto da parte média do rio. A profundidade mais baixa é observada ao longo da secção transversal B do que nas outras secções transversais, o que leva a uma velocidade mais elevada.

VELOCIDADE VARIÁVEL DE UM ROCHEDO NO LEITO DO RIO

Observámos pedregulhos de diferentes tamanhos na nossa área de estudo e também se observou que a velocidade varia muito com a presença de pedregulhos. Para compreender até que ponto as velocidades do fluxo se alteram por influência das rochas, efectuámos algumas medições da velocidade em ambos os lados das rochas.

Placa.2 Velocidade variável da rocha.

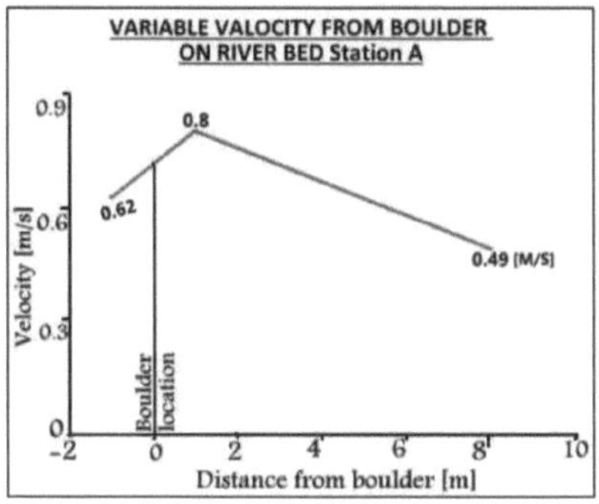

Figura.4.2. Velocidade variável do pedregulho. (Fonte: Tabela 4.2)

No diagrama, a distância ao pedregulho está representada no eixo "X" e a velocidade no eixo "Y". Foi traçado um perfil com base na distância e na velocidade. A linha do perfil mostra que a velocidade é mais baixa na parte de trás [1 metro] da rocha e que a velocidade aumenta à frente [1 metro] da rocha e que a velocidade diminui gradualmente à medida que a distância da rocha aumenta. Assim, podemos concluir que a velocidade é grandemente influenciada pelas pedras num rio torrencial de uma zona montanhosa.

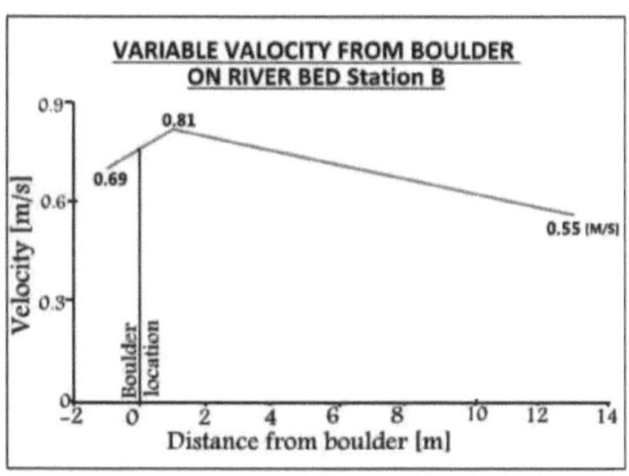

Figura. 4.2 Velocidade variável da rocha. (Fonte: Tabela 4.2)

Na estação B, tomámos três velocidades de escoamento em ambos os lados a montante e a jusante da rocha, ou seja, a 1 metro de distância da rocha na parte de trás [a montante], a 1 m e a 13 m de distância da rocha na parte da frente [a jusante]. O perfil traçado mostra que a velocidade é mais elevada perto da rocha por sua própria influência e a velocidade diminui gradualmente para longe da rocha, uma vez que a influência da rocha é menor a jusante. A velocidade máxima [0,812 m /s] é observada a uma distância de 1 m à frente da rocha e a velocidade mais baixa [0,55 m/s] a uma distância de 13m.

GOTA HIDRÁULICA

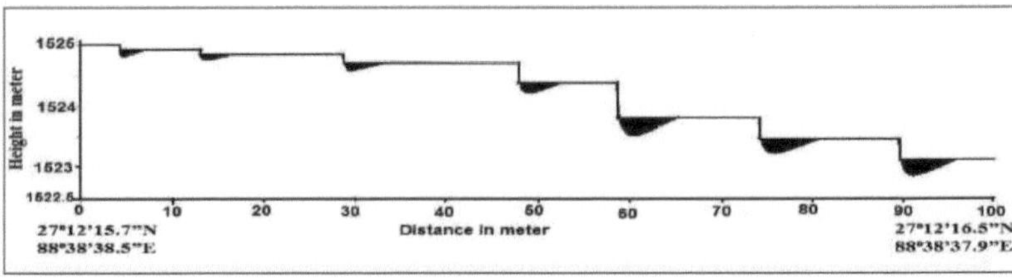

Figura. 4.3. Queda hidráulica (Fonte: Dados primários)

A queda hidráulica define-se como uma mudança de marca do caudal subcrítico para o caudal supercrítico. Num comprimento longitudinal de 100 metros, o rio apresenta pelo menos 7 quedas hidráulicas com altura variável. A estrutura subjacente do leito do rio parece estar perturbada, o que resulta numa série de quedas hidráulicas em que o rio assume o carácter de cataratas. Estas quedas resultaram numa série de saltos hidráulicos da água do canal e ocorre turbulência. Estas quedas não são atribuídas à localização de grandes rochedos, uma vez que estes não estavam presentes em abundância e, em alguns locais, a linha de fluxo salta sem qualquer instigação de rochedos resistentes.

DETERMINAÇÃO DE P^H

A reação de uma solução aquosa representa o grau de acidez ou basicamente causado pela concentração relativa de iões hidrogénio [H^+] ou hidroxilo [OH^-] presentes na mesma. A acidez é devida ao excesso de iões H^+ em relação aos iões OH^- e a alcalinidade é devida ao excesso de iões OH^- em relação aos iões H^+ . O valor P^H de uma solução pode ser definido como o logaritmo negativo da concentração de iões de hidrogénio.

A amostra de água retirada do rio Rangpo foi testada quanto ao valor do pH em condições laboratoriais. O pH obtido é de 7,3, o que indica que a qualidade da água do rio é ligeiramente alcalina.

Como tal, a água do rio era transparente e foi alimentada pela chuva no dia anterior à realização do estudo. Normalmente, estes rios de montanha têm água alcalina, uma vez que pode estar presente uma grande quantidade de sal dissolvido. Mas a disponibilidade de água da chuva pode ter diminuído o pH.

TERRAÇO

De acordo com Huggett, um terraço é uma área aproximadamente plana que é limitada por uma superfície inclinada nos lados ascendente e descendente da encosta. Os terraços fluviais são os restos do antigo fundo do vale que são deixados nos lados do vale após o corte para baixo. Camadas resistentes em estratos horizontais podem produzir áreas planas nos bancos estruturais do lado do vale, pelo que o reconhecimento de terraços requer que os controlos estruturais tenham sido excluídos.

Tipo de terraço observado:

Os terraços fluviais observados ao longo da margem do rio Rangpo são de carácter erosivo. Normalmente, sobrepõem-se ao leito rochoso da região. O fundo do vale anteriormente utilizado foi cortado pelos rios aquando da incisão e o fundo do vale foi deixado como terraço fluvial. Como o rio também corta o leito rochoso, a margem atual do rio mostra frequentemente uma sucessão vertical de materiais soltos, subjacentes ao próprio leito rochoso.

A sucessão vertical das camadas de sedimentos encontradas nos terraços fluviais inclui principalmente cinco tipos de materiais de leito, ou seja, solo nas camadas mais superficiais, sedimentos finos, cascalho e seixos, pedregulhos de pequenas dimensões e pedregulhos de grandes dimensões em todos os perfis, observam-se as quatro camadas de materiais de leito, sobre as quais se encontra a camada de solo. Curiosamente, os materiais são mais finos no sentido ascendente, o que significa que existe um encurtamento vertical regular dos materiais. Este encurtamento vertical pode estar relacionado com a diminuição da energia do rio durante o ciclo anterior.

A natureza não emparelhada dos terraços sugere a probabilidade de alterações climáticas. O Rangpo, sendo um rio dos Himalaias alimentado pela neve, pode ter sido afetado pela última era glacial e pelo período quente subsequente.

Placa. 3 Terraço junto ao rio Rangpo.

EROSÃO DO DENTE

O rio sofre erosão lateral ao longo do nível da água, o que dá origem à formação de grutas ao longo da margem do rio. Este fenómeno é conhecido como erosão Toe. Isto acontece devido à forte corrosão hidráulica. O processo de erosão em curso favorece a expansão das grutas para terra, o que, consequentemente, aumenta a vulnerabilidade à subsidência da margem do rio ou à erosão da margem do rio. A expansão lateral do rio ocorre através da erosão lateral, o que indica a atividade erosiva e, consequentemente, a juventude do rio.

Placa. 4 Erosão do dedo do pé ao lado do rio Rangpo.

CAPÍTULO 5

CONCLUSÃO

O escoamento num canal de um curso de água montanhoso é variado e não uniforme, mudando ao longo do espaço e do tempo. A hidráulica é regida por limiares de mudança marcados pelos números de Froude. A velocidade média e a distribuição da velocidade do fluxo do canal são afectadas pelas caraterísticas de rugosidade e pela turbulência associada. Para compreender a erosão, o transporte e a deposição efectuados por um sistema fluvial, são necessárias imagens claras desta dinâmica do escoamento de fluidos.

A bacia do Rangpo, que tem um grande número de unidades litológicas com resistência variável e relevo relativo elevado, desenvolveu caraterísticas hidráulicas complexas, onde as quedas hidráulicas e os saltos hidráulicos são caraterísticas regulares. O canal é caracterizado por alta velocidade e alta turbulência. O valor máximo do número de Froude obtido é de 1,42, que é de natureza supercrítica. Além disso, os depósitos de rochas erráticas e outras rochas tornam a situação ainda mais complicada.

BIBLIOGRAFIA

1. Hugget, R.J. (2008). Fundamental in geomorphology. Routeledge, Londres.

2. Knight, D.W. e Demetriou, J.D. (1983). Interação entre a planície de inundação e o fluxo do canal principal. Journal of Hydraulic Engineering, ASCE, 109(8), 1073-1092.

3. Leopold, L.B., Wolman, M.G. e Miller, J.P. (1992). Water and sediment in channel in Fluvial Processes in Geomorphology; Dover Publications, Mineola, pp. 151-166.

4. Morisawa, M. (1985). Hydraulics of stream flow in Rivers Form and Process. Longman Group Limited, Inglaterra, pp 25-36.

5. Myers, W.R.C. (1987). Velocity and Discharge in Compound Channels (Velocidade e Descarga em Canais Compostos). Journal of Hydraulic Engineering, ASCE, 113, 753-766,

6. Myers, W.R.C. (1991). Influence of Geometry on Discharge Capacity of Open Channels (Influência da Geometria na Capacidade de Descarga de Canais Abertos). Journal of Hydraulic Engineering, ASCE, 117, 676-680.

7. Prinos, P. e Townsend, R. (1984). Comparação de Métodos de Previsão de Descarga em Canais Abertos Compostos. Advances inWater Resources, 7(Dec), 180-187.

8. Saha. P. e Basu, P. (2008). Advanced Practical Geography. Books and Allied LTD, Kolkata.

9. Selby, M.J. (1985). Earth's changing Surface; Oxford University Press, Reino Unido.

10. Summerfield, M.A. Global Geomorphology; Longman, Edinburgh.

11. Tominaga, A. e Nezu, I. (1991). Turbulent Structure in Compound Open-Channel Flows (Estrutura Turbulenta em Fluxos de Canal Aberto Composto). Journal of Hydraulic Engineering, ASCE, 117(1), 21-41.

12. Wohl, E.E e Wilcox, A. (2004). Journal of Hydrology; Colorado State University. Fort Collins, CO 80523, EUA.

13. Wohl, E. (2005). Downstream Hydraulic Geometry along a Tropical Mountain River. Springer Netherlands, Panamá, pp 169-188

APÊNDICE

								3.1 Data For Cross Profiles
			Staff reading					
Station	Point	Length in m	B.I	I.S	F.S	CL	RL in m	Remarks
A	a1	0	0.95			1524.95	1524	B.M. 1524 m
	a2	3.6		1.55			1523.4	
	a3	6		1.88			1523.07	
	a4	10.3		2.205			1522.745	
	a5	13.3		2.3			1522.65	
	a6	16.8		1.9			1522.76	
	a7	20.4		2.29			1522.66	
	a8	25.3		2.1			1522.85	
	a9	28.9		1.9			1523.05	
	a10	35.6		1.35			1523.6	
	a11	39.4			0.54		1524.41	
								Sourece: Primary Instrument Survey, 2013

								3.2 Data For Cross Profiles
			Staff reading					
Station	Point	Length In m	B.I	I.S	F.S	CL	RL in m	Remarks
B	b1	0	1.1			1525.1	1524	B.M. 1524 m
	b2	2.6		1.62			1523.48	
	b3	6.9		2.07			1523.03	
	b4	13		2.33			1522.77	
	b5	17.2		2.18			1522.92	
	b6	22.4		2.26			1522.84	
	b7	26.5		2.33			1522.77	
	b8	31.4		1.86			1523.295	
	b9	36.7		1.56			1523.595	
	b10	40			0.55		1524.55	
								Sourece: Primary Instrument Survey, 2013

3.3 Data For Cross Profiles								
			Staff reading					
Station	Point	Length in m	B.I	I.S	F.S	CL	RL in m	Remarks
C	c1	0	1.25			1525.25	1524	B.M. 1524 m
	c2	3.4		1.54			1523.71	
	c3	6.4		2.15			1523.1	
	c4	7.9		2.55			1522.7	
	c5	10.4		2.7			1522.55	
	c6	12.5		2.52			1522.73	
	c7	15.2		3.05			1522.2	
	c8	22		2.7			1522.55	
	c9	23.6		2.19			1523.06	
	c10	28.7		2.205			1523.045	
	c11	32.5		1.455			1523.795	
	c12	37		1.2			1524.05	
	c13	39.9			0.5		1524.75	
Sourece: Primary Instrument Survey, 2013								

3.4 Data For Cross Profiles								
			Staff reading					
Station	Point	Length in m	B.I	I.S	F.S	CL	RL in m	Remarks
D	d1	0	1.29			1525.29	1524	B.M. 1524 m
	d2	1.2		1.51			1523.78	
	d3	4.9		1.75			1523.54	
	d4	7.9		2.54			1522.75	
	d5	11.9		2.205			1523.085	
	d6	13.7		2.805			1522.485	
	d7	24.9		2.7			1522.59	
	d8	27.9		2.23			1523.06	
	d9	34.6		2			1523.29	
	d10	36.1		1.455			1523.835	
	d11	41.1			0.64		1524.65	
Sourece: Primary Instrument Survey, 2013								

3.5 Data For Relationship Analysis				
Profile	*Cross sectional area [A] [Sq. m]*	*Wetted perimeter [P] [m]*	*Hydraulic Radius [R] [m]*	*Discharge[Q] [in m3/s]*
A	26.25	32.8	0.8	29.34
B	26.52	34	0.78	33.3
C	44.46	34.6	1.3	39.56
D	44.84	36	1.24	41.25

3.6 Data for Width, Depth and Velocity			
Profile	Width [m]	Depth [m]	Avg. Velocity [m/ sec]
A	31.4	0.8	1.11
B	34.2	0.78	1.25
C	28.6	1.3	0.89
D	34.6	1.24	0.92

3.7 Data For Long Profile								
			Staff reading					
Sta tion	Point	Length in m	B.I	I.S	F.S	CL	RL in m	Rem arks
Q	q1	0	1.29			152 5.29	1524	B.M. 1524 m
	q2	1.2		1.51			1523.78	
	q3	4.9		1.75			1523.54	
	q4	7.9		2.54			1522.75	
	q5	11.9		2.205			1523.085	
	q6	13.7		2.805			1522.485	
	q7	24.9		2.7			1522.59	
	q8	27.9		2.23			1523.06	
	q9	34.6		2			1523.29	
	q10	36.1		1.455			1523.835	
	q11	41.1			0.64		1524.65	

3.8 Data For Cross Profile And Isovel			
Profile	Point	Height from river bed [m]	Velocity [m/s]
P	p3	0.05	0.536
	p4	0.1	0.729
		0.2	0.839
		0.3	0.927
	p5	0.1	0.495
		0.2	0.653
	p6	0.1	0.641
		0.2	0.761
	p7	0.15	0.927
		0.2	1.57
Sourece: Primary Survey, 2013			

4.1 Data for relationship between height from river bed and velocity					
Profile	*Extension*	*Station*	*Distance from starting point [m]*	*Height from river bed [m]*	*Velocity [m/s]*
A	27°11'47.4" N 88°37'23" E			0	0
		a1	4.5	0.2	0.927
				0.3	0.927
		a2	6.6	0.2	1.225
				0.3	1.303
B	27°11'47.4" N 88°37'22.7" E			0	0
		b1	5.2	0.2	1.245
				0.3	1.265
		b2	6.3	0.2	1.225
				0.3	1.291
C	27°11'47.7" N 88°37'19.5" E			0	0
		c1	7.3	0.4	0.752
				0.6	0.934
		c2	8.5	0.5	0.83
				0.7	1.026
D	27°11'47.7" N 88°37'19.4" E			0	0
		d1	6.7	0.2	0.697
				0.3	0.839
		d2	8.4	0.4	0.97
				0.55	1.026
Sourece: Primary Instrument Survey, 2013					

4.2 Data For Variable Velocity From Boulder On River Bed			
Station	*point*	*Distance from boulder[m]*	*velocity (m/s)*
A	a1	-1	0.626
	a2	1	0.802
	a3	7	0.49
B	b1	-1	0.697
	b2	1	0.812
	b3	13	0.559
Sourece: Primary Instrument Survey, 2013			

MIX
Papier aus verantwortungsvollen Quellen
Paper from responsible sources
FSC® C105338

Printed by Books on Demand GmbH, Norderstedt / Germany